¡Conocimiento a tope!

Iniciadores científicos

El ciclo de vida de un conejo

Crystal Sikkens

Traducción de Pablo de la Vega

CRABTREE
PUBLISHING COMPANY
WWW.CRABTREEBOOKS.COM

Objetivos específicos de aprendizaje:
Los lectores:

- Explicarán que el ciclo de vida es una serie de cambios que ocurren a un ser vivo durante su vida.
- Describirán el ciclo de vida de un conejo usando el vocabulario aprendido.
- Usarán imágenes y pies de foto para identificar ideas clave y las características de cada etapa del ciclo de vida de un conejo.

Palabras de uso frecuente (primer grado) a, cuando, de, el, es, la, por, puede(n), son, tiene(n), un, una	**Vocabulario académico** camada, coneja, cría, hembra, macho

Estímulos antes, durante y después de la lectura:

Activa los conocimientos previos y haz predicciones:
Pide a los niños que lean el título y miren las imágenes de la tapa y la portada. Interésalos pidiendo que levanten el dedo pulgar si están de acuerdo o lo giren hacia abajo si están en desacuerdo con las siguientes afirmaciones:

- Todos los seres vivos tienen un ciclo de vida.
- Los conejos de la tapa son adultos.
- El conejo de la portada es un adulto.

Durante la lectura:
Después de leer la página 14, pide a los niños que hagan una pausa y lean de nuevo el pie de foto. Pregunta:

- ¿Cuál es la idea principal del pie de foto?
- ¿Cómo te ayuda el pie de foto a entender la imagen?

Anima a los niños a pensar cómo la comparación (el tamaño de las pelotas de béisbol) les ayuda a entender cuánto han crecido los bebés.

Invita a los niños a poner atención a los pies de foto como herramientas que ayudan a la comprensión.

Después de la lectura:
Habla acerca de cómo una coneja se prepara para tener bebés y luego los cuida después de nacidos. Haz una secuencia paso a paso usando las palabras «primero, luego, por último». Crea una secuencia igual describiendo las etapas de las crías.

Author: Crystal Sikkens
Series development: Reagan Miller
Editor: Janine Deschenes
Proofreader: Melissa Boyce
STEAM notes for educators: Janine Deschenes
Guided reading leveling: Publishing Solutions Group
Cover and interior design: Samara Parent
Photo research: Crystal Sikkens
Print coordinator: Katherine Berti

Translation to Spanish: Pablo de la Vega
Edition in Spanish: Base Tres
Photographs: Animals Animals: Wild & Natural: p. 16; Dreamstime: Mark Turner: title page, p. 9; Alla Orlova: p. 11; iStock: NickBiemans: front cover; scolson: p. 5; Joseph Kostansek: p. 6-7; XiFotos: p. 10; shanelinkcom: p. 13; stanley45: p. 14; Science Source: Bill Coster/FLPA: p. 8; G. Ronald Austing: p. 12; Wikimedia commons: Jhansonxi: p. 4; All other photographs by Shutterstock

Library and Archives Canada Cataloguing in Publication
Title: El ciclo de vida de un conejo / Crystal Sikkens ; traducción de Pablo de la Vega.
Other titles: Life cycle of a rabbit. Spanish
Names: Sikkens, Crystal, author. | Vega, Pablo de la, translator.
Description: Series statement: ¡Conocimiento a tope! Iniciadores científicos | Translation of: The life cycle of a rabbit. | Includes index. | Text in Spanish.
Identifiers: Canadiana (print) 20200300091 | Canadiana (ebook) 20200300105 | ISBN 9780778784043 (hardcover) | ISBN 9780778784128 (softcover) | ISBN 9781427126528 (html)
Subjects: LCSH: Rabbits—Life cycles—Juvenile literature. | LCSH: Rabbits—Growth—Juvenile literature.
Classification: LCC QL737.L32 S5318 2021 | j599.32—dc23

Printed in Canada/102020/CPC

Library of Congress Cataloging-in-Publication Data
Names: Sikkens, Crystal, author.
Title: El ciclo de vida de un conejo / Crystal Sikkens ; traducción de Pablo de la Vega.
Other titles: Life cycle of a rabbit. Spanish
Description: New York : Crabtree Publishing Company, 2021. | Series: ¡conocimiento a tope! - iniciadores científicos | Includes index.
Identifiers: LCCN 2020033560 (print) | LCCN 2020033561 (ebook) | ISBN 9780778784043 (hardcover) | ISBN 9780778784128 (paperback) | ISBN 9781427126528 (ebook)
Subjects: LCSH: Rabbits--Life cycles--Juvenile literature.
Classification: LCC QL737.L32 S53418 2021 (print) | LCC QL737.L32 (ebook) | DDC 599.32156--dc23
LC record available at https://lccn.loc.gov/2020033560
LC ebook record available at https://lccn.loc.gov/2020033561

Índice

Crabtree Publishing Company
www.crabtreebooks.com 1-800-387-7650

Published in Canada
Crabtree Publishing
616 Welland Ave.
St. Catharines, Ontario
L2M 5V6

Published in the United States
Crabtree Publishing
347 Fifth Ave
Suite 1402-145
New York, NY 10016

Published in the United Kingdom
Crabtree Publishing
Maritime House
Basin Road North, Hove
BN41 1WR

Published in Australia
Crabtree Publishing
Unit 3 – 5 Currumbin Court
Capalaba
QLD 4157

Vida nueva

Cuando un conejo bebé nace, comienza su **ciclo de vida**. Un ciclo de vida es los cambios que le suceden a un animal durante su vida.

Los conejos bebés, y otros animales bebés, son llamados crías o cachorritos.

Una coneja es una hembra. Un conejo puede ser un macho.

Una coneja cuida a sus crías.

Conejos bebé

Un grupo de crías nacidas al mismo tiempo se llama **camada**.

Puede haber de dos a doce crías en una camada.

Una coneja puede tener de tres a cinco crías por año. La mayoría de las crías nace entre febrero y septiembre.

Hogares seguros

Primero, una coneja construye un lugar dónde tener a sus crías. Podría construir un **nido** sobre la tierra o cavar un **túnel** bajo tierra.

Un túnel ayuda a mantener seguras a las crías después de nacidas.

Un nido debe ser seguro y cálido para las crías. Una coneja usa césped, hojas, paja y pelaje para hacer el nido.

Esta coneja recolecta césped y paja de un campo para construir su nido.

Crías recién nacidas

Las crías recién nacidas se ven diferentes a los conejos **adultos**. Las crías nacen con muy poco pelaje. No pueden ver ni oír.

Las crías recién nacidas se mantienen muy cerca una de la otra para conservar el calor.

Cuando mamá coneja deja el nido, lo cubre con césped y palitos pequeños. Esto ayuda a ocultar el nido a otros animales.

Comiendo y creciendo

Mamá coneja regresa al nido cada noche para alimentar a sus bebés. Las conejas mamá alimentan a sus crías con leche que sale de sus cuerpos.

Las crías se alimentan por sólo unos minutos una o dos veces al día.

A las crías comienza a crecerles el pelaje cuando tienen más o menos una semana de nacidas. Comienzan a ver y oír después de más o menos diez días.

Dejando el nido

Para cuando las crías tienen dos o tres semanas, ya cuentan con un pelaje completo.

Las crías de tres semanas de edad son más o menos del tamaño de una pelota de béisbol.

A las tres semanas, las crías ya pueden saltar. Empiezan a dejar el nido por períodos cortos. Quizá comiencen a **mordisquear** comida.

Encontrando comida

Las crías dejan el nido en busca de comida. Comienzan por comer plantas, como césped o flores.

Los conejos comen muchos tipos de plantas. ¡También comen frutas y verduras!

Las crías deben ser cuidadosas cuando dejan el nido. Muchos animales comen conejos. Las crías son pequeñas. Para aquellos animales es fácil atraparlas.

Zorros, coyotes y mapaches comen conejos.

Por sí mismas

A las cinco semanas de edad, la mayoría de las crías están listas para vivir por sí mismas. Ya no beben la leche de su mamá.

Los conejos pueden comenzar su propia familia cuando tienen de tres a seis meses de edad. Al llegar a un año, la mayoría de los conejos deja de crecer. Ya son conejos adultos.

El ciclo se repite

Todos los conejos siguen el mismo ciclo de vida.

Crías recién nacidas

Crías de una semana de edad

El ciclo de vida se repite cada que un adulto tiene un bebé. Repetir es empezar de nuevo.

Crías de tres semanas de edad

Conejo adulto

Palabras nuevas

adultos: adjetivo.
Que ya son maduros.

camada: sustantivo.
Un grupo de bebés nacidos al mismo tiempo de la misma mamá.

ciclo de vida: sustantivo.
Los cambios que ocurren en un animal durante su vida.

mordisquear: verbo.
Comer dando mordidas pequeñas.

nido: sustantivo.
Un lugar seguro, construido o escogido por un animal para poner sus huevos o tener bebés.

túnel: sustantivo.
Un hoyo bajo la tierra.

Un sustantivo es una persona, lugar o cosa.

Un verbo es una palabra que describe una acción que hace alguien o algo.

Un adjetivo es una palabra que te dice cómo es alguien o algo.

Índice analítico

Sobre la autora

Crystal Sikkens ha estado escribiendo, editando y haciendo investigaciones fotográficas para Crabtree Publishing desde 2001. Ha ayudado en la producción de cientos de títulos de diversos temas. Recientemente escribió dos libros para la popular serie Be An Engineer.

Para explorar y aprender más, ingresa el código de abajo en el sitio de Crabtree Plus.

www.crabtreeplus.com/fullsteamahead

Tu código es:
fsa20

(página en inglés)

Notas de STEAM para educadores

¡Conocimiento a tope! es una serie de alfabetización que ayuda a los lectores a desarrollar su vocabulario, fluidez y comprensión al tiempo que aprenden ideas importantes sobre las materias de STEAM. *El ciclo de vida de un conejo* hace uso de texto secuencial, imágenes informativas y pies de foto explicativos para ayudar a los lectores a identificar las etapas principales del ciclo de vida de un conejo. La actividad STEAM de abajo ayuda a los lectores a expandir las ideas del libro para el desarrollo de habilidades artísticas y científicas.

Mostrando un ciclo de vida

Los niños lograrán:

- Dibujar una imagen y escribir un pie de foto para describir cada etapa del ciclo de vida de un conejo.
- Crear un móvil para mostrar su trabajo.

Materiales

- Hoja de planeación «Móvil del ciclo de vida».
- Copia definitiva del «Móvil del ciclo de vida».
- Materiales para hacer un móvil, como ganchos de ropa o alambre y paja, cuerda, perforadora, cartoncillo, pegamento, crayones, etc.

Guía de estímulos

Después de leer *El ciclo de vida de un conejo*, pregunta:

- ¿Qué es un ciclo de vida?
- ¿Cuáles son la etapas del ciclo de vida de un conejo?
- ¿Cómo se repite el ciclo de vida de un conejo?

Actividades de estímulo

Explica a los niños que deberán crear móviles para colgar en el aula. Los móviles tendrán tarjetas, colocadas en orden, que muestren el ciclo de vida de un conejo. Cada tarjeta tendrá una imagen y un pie de foto.

- Tal como en las imágenes y pies de foto del libro, cada imagen y pie de foto del móvil deberá explicar claramente la etapa.

Cada niño recibirá una hoja de planeación «Móvil del ciclo de vida». Repasa las etapas del ciclo de vida de un conejo con los niños. Crea un cartel didáctico con las etapas, para referencia de los niños.

1. Primero, una coneja construye un nido.
2. Luego, nace una cría dentro de una camada. Los recién nacidos no pueden ver ni oír. Tienen muy poco pelaje.
3. Después de una semana de nacidas, a las crías comienza a crecerles el pelaje, y comienzan a ver y oír.
4. A las tres semanas de edad, las crías ya tienen un pelaje completo y comienzan a saltar.
5. Cuando tienen cinco semanas, dejan de beber leche y salen del nido a buscar comida.
6. Por último, los conejos se vuelven adultos al llegar a un año de edad.

Revisa las hojas de planeación de los niños, luego entrégales la copia definitiva del «Móvil del ciclo de vida». Deberán cortar los cuadrados y pegarlos en pedazos de cartoncillo. Luego podrán construir sus móviles.

Extensiones

- Haz móviles para mostrar otro tipo de etapas.
- Invita a los niños a que piensen en y prueben otras maneras de mostrar etapas, tales como crear un *flip-book*, una presentación de diapositivas, una representación dramática, etc.

Para ver y descargar las hojas de trabajo, visita **www.crabtreebooks.com/resources/printables** o **www.crabtreeplus.com/fullsteamahead** (páginas en inglés) e ingresa el código **fsa20**.